# 全景图解百科全书
# 思维导图启蒙典藏
# 中文版

My First Encyclopedia

西班牙 Sol90 出版公司　编著

张　钊　翻译

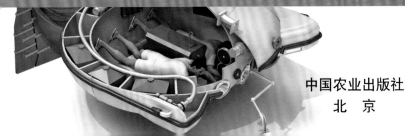

QUANJING TUJIE BAIKE QUANSHU
SIWEI DAOTU QIMENG DIANCANG ZHONGWENBAN
WEIDA TANXIAN

## 伟大探险

中国农业出版社
北京

# 目　录

# 腓尼基人

身为旅行者和商人的腓尼基人生活在地中海东岸。早在2 500年前，他们就实现了环绕非洲的航行。虽然没有确凿证据证明此次环非航行，但希罗多德的著作对此有所提及。●

## 航行

根据希罗多德的记载，那次环非航行是根据埃及法老尼科二世的旨意进行的。远征从红海出发，历经三年才抵达海格力斯之柱（直布罗陀）。希罗多德提到：在好望角（非洲的最南端），当船只向西航行的时候，正午的太阳出现在北方，而非南方。

**腓尼基人**
他们是古代杰出的水手，居住在比布鲁斯、西顿、推罗等自由邦。他们也是出色的商人和技艺高超的手工匠人。

根据希罗多德的记载，腓尼基人于

# 公元前 600 年

完成了环非航行。

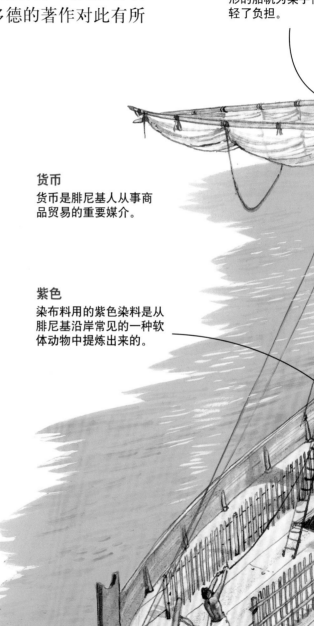

**帆**
顺风时，平滑且呈方形的船帆为桨手们减轻了负担。

**货币**
货币是腓尼基人从事商品贸易的重要媒介。

**紫色**
染布料用的紫色染料是从腓尼基沿岸常见的一种软体动物中提炼出来的。

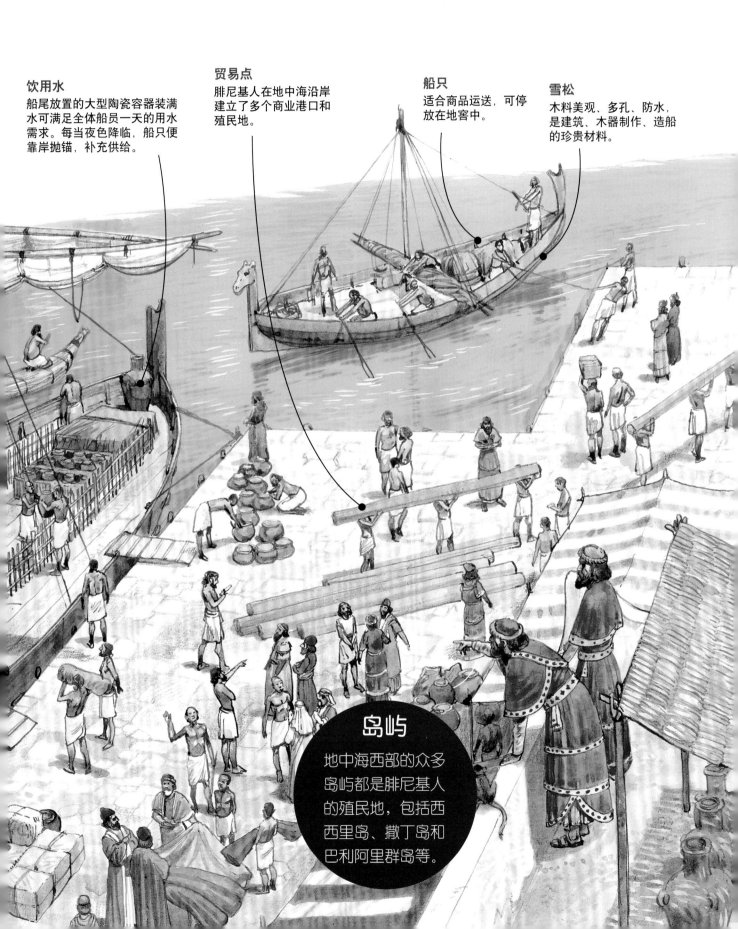

**饮用水**
船尾放置的大型陶瓷容器装满水可满足全体船员一天的用水需求。每当夜色降临，船只便靠岸抛锚，补充供给。

**贸易点**
腓尼基人在地中海沿岸建立了多个商业港口和殖民地。

**船只**
适合商品运送，可停放在地窖中。

**雪松**
木料美观、多孔、防水，是建筑、木器制作、造船的珍贵材料。

**岛屿**
地中海西部的众多岛屿都是腓尼基人的殖民地，包括西西里岛、撒丁岛和巴利阿里群岛等。

# 希罗多德

出生于古希腊城市哈利卡纳苏。在渴望探索新世界的热情驱动下，历史学家希罗多德完成了多次长途旅行。希罗多德的名作《历史》（《Historiae》）记录了旅行中他对当地历史和地理的见解。书中不仅详细记录了时事和历史事件，还对旅行途中遇到的各色人等有着生动描写。●

**希罗多德时期**
那时的世界地图与现在的有着天壤之别。但在2 400年前的人们眼中，世界理应如此。

《历史》一书共分 **9** **卷**。每卷都以一位掌管艺术和科学的缪斯女神命名。

## 生平

希罗多德生活在公元前5世纪，被认为是历史学之父。他一生游历过多个国家，并在雅典度过了他人生中最辉煌的时期。他曾与政治家伯里克利、剧作家索福克勒斯以及哲学家阿那克萨戈拉等伟人交往。

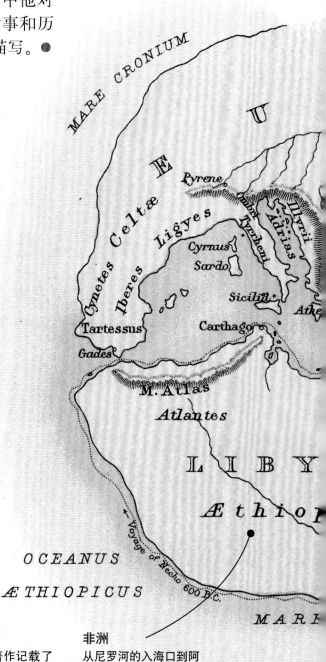

**征服者**
他的第一部著作记载了阿契美尼德王朝波斯帝国的建立者——居鲁士大帝二世的丰功伟绩。

**非洲**
从尼罗河的入海口到阿斯旺，他用了四个月的时间横穿埃及。

"历史"一词源于希腊语"ιστορία",意为"调查"。希罗多德的文章经常以"我之所见,告与君知"为结尾。

**欧洲**

希罗多德游历过希腊、马其顿、色雷斯、西徐亚和大希腊（意大利南部）。

**爱奥尼亚**

希罗多德的著作用爱奥尼亚方言写成,其中大部分文章取材于民间传说。

**亚洲**

他还游历过叙利亚和巴勒斯坦。从其表述来看,他应该还到过巴比伦。

**前往埃及**

在希罗多德众多伟大的旅行中,埃及金字塔给他留下了深刻印象。在他的书中,他从技术角度阐述了金字塔是怎样建成的。他不仅详细描述了木乃伊,还记录了胡夫、卡夫拉和孟卡拉三位法老的生平。

**迦太基**

迦太基人控制了西地中海,客观上阻碍了希罗多德前往该地区。

# 独桅帆船：阿拉伯成功的关键

当这艘阿拉伯小船在大海上航行的时候，一种革命性的创新出现了：在没有船尾风的推动下，三角帆依然可以提供前进的动力，这就使船只摆脱了桨手的束缚。有学者认为，作为货船出现的独桅帆船，是公元7世纪伊斯兰教影响力在地中海和印度迅速扩张的结果。它为日后建造驰骋大洋的大型帆船奠定了基础。●

**索具**
由椰子树纤维加工而成。

**舵**
受船身尺寸所限，舵比较小，适合在强风中航行。

**吃水**
吃水浅是它的特色之一，这使得独桅帆船可以在浅水区域航行。

**固定**
制作船壳的材料用索具、纤维和皮带进行固定。

**船壳**
船壳为木制。这些线条为未来桨帆船和卡拉维尔帆船的建造提供了参考。

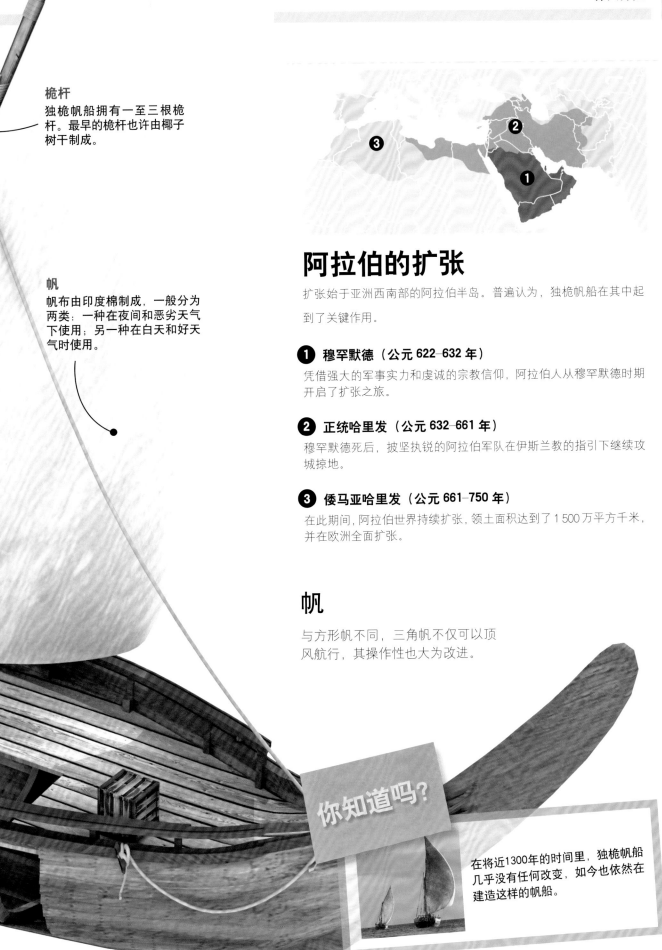

**桅杆**
独桅帆船拥有一至三根桅杆。最早的桅杆也许由椰子树干制成。

**帆**
帆布由印度棉制成,一般分为两类:一种在夜间和恶劣天气下使用;另一种在白天和好天气时使用。

# 阿拉伯的扩张

扩张始于亚洲西南部的阿拉伯半岛。普遍认为,独桅帆船在其中起到了关键作用。

**1 穆罕默德(公元 622–632 年)**
凭借强大的军事实力和虔诚的宗教信仰,阿拉伯人从穆罕默德时期开启了扩张之旅。

**2 正统哈里发(公元 632–661 年)**
穆罕默德死后,披坚执锐的阿拉伯军队在伊斯兰教的指引下继续攻城掠地。

**3 倭马亚哈里发(公元 661–750 年)**
在此期间,阿拉伯世界持续扩张,领土面积达到了 1 500 万平方千米,并在欧洲全面扩张。

## 帆

与方形帆不同,三角帆不仅可以顶风航行,其操作性也大为改进。

**你知道吗?**

在将近1300年的时间里,独桅帆船几乎没有任何改变,如今也依然在建造这样的帆船。

# 红发埃里克

在公元8-11世纪征服欧洲的众多斯堪的纳维亚半岛的维京人中，身为海盗、商人和探险者的红发埃里克鹤立鸡群。在因触犯法律被驱逐出境后，这位年轻的航海家于公元982年决定向西航行，直到一个被他命名为"格陵兰"的未知海岸。

**船首雕像**
维京人是技艺高超的工匠。他们把木头雕刻成具有象征意义的动物形状：一种龙与蛇的结合体，身体呈蜷缩状。

## 定居

发现格陵兰岛以后，红发埃里克想要返回并占有它。于是，在第二次航行中，他组织了25艘船和700名移民。不过遗憾的是，只有14艘船和半数人员成功靠岸并建立了定居点。尽管如此，新的移民活动仍在继续，而红发埃里克始终身先士卒。

**龙船**
维京战船。既可以挂帆，也可以由16对桨手划桨驱动。红发埃里克去格陵兰岛时乘坐的就是龙船。

## 生平

埃里克·索尔瓦德森（约950—1003年），即为人熟知的"红发埃里克"，挪威人。他和家人在被驱逐后，被发配到了冰岛，后被指控暗杀而遭放逐。从此，埃里克踏上了格陵兰之旅。从格陵兰返回以后，他招募了更多的定居者以充实新的领地。

### 你知道吗?

维京人的头盔并不像众人熟知的那样带角。

# 格陵兰

有人认为，红发埃里克是在寻找水手和诗人传唱的土地时偶然发现了格陵兰。格陵兰岛是继澳大利亚之后的世界第二大岛。它现在是丹麦王国的自治领土，全岛有80%被冰雪覆盖。

## 绿色的土地

格陵兰（挪威语：Grønland）意为"绿色的土地"，红发埃里克给该岛如此取名，是为了吸引潜在的定居者。

## 加拿大

有人认为，红发埃里克之子莱弗·埃里克松曾到过加拿大沿岸，是第一批抵达美洲的人员之一。

## 帆

顺风时，龙船的帆可以为桨手赢得休息时间。

龙船的船帆边长可达**10 米**。

## 盾牌

盾牌放置在龙船的船舷外侧，起保护作用。

# 马可·波罗

1271年，17岁的马可·波罗随父亲和叔叔从威尼斯开始了东方之旅，历时3年左右抵达中国。元朝皇帝忽必烈与之相交甚欢，并为其提供保护，委以重任。这条亚洲之路延续了20余年，是欧洲了解亚洲文化的重要起点，也开启了全新的商贸路线。●

**3**

## 丝绸之路

虽然西方对丝绸之路早有耳闻，但从未有欧洲人完整地探寻过。

威尼斯

君士坦丁堡

波斯湾

**1**

## 起点

从威尼斯出发，沿海路，经地中海直抵君士坦丁堡。

## 生平

马可·波罗生于1254年。他随父亲开始了东方之旅，并与忽必烈可汗的皇庭关系紧密。返程时被热那亚人捕获，在狱中向狱友——作家鲁斯蒂谦口述并完成了《马可·波罗游记》一书。由于当时对远东地区缺乏了解，这本书为西方世界指明了方向。他出狱后结婚并育有三女，享年70岁。

## 威尼斯

公元13世纪的威尼斯作为一个自由邦，控制着地中海东部的商业活动。它要时刻面对来自近邻热那亚人和拜占庭人的挑战。

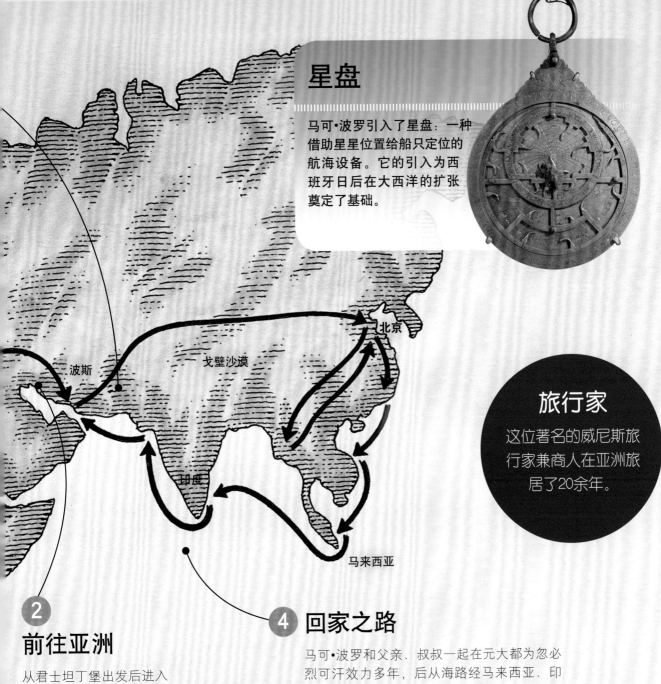

## 星盘

马可·波罗引入了星盘：一种借助星星位置给船只定位的航海设备。它的引入为西班牙日后在大西洋的扩张奠定了基础。

北京

波斯    戈壁沙漠

印度

### 旅行家

这位著名的威尼斯旅行家兼商人在亚洲旅居了20余年。

马来西亚

**2**

## 前往亚洲

从君士坦丁堡出发后进入波斯，穿过戈壁沙漠，最终抵达中国。

**4** 回家之路

马可·波罗和父亲、叔叔一起在元大都为忽必烈可汗效力多年，后从海路经马来西亚、印度、波斯返回威尼斯。

# 贡献

马可·波罗的著作对于欧洲绘制出早期可靠的亚洲地图起了决定性作用。

你知道吗？

马可·波罗把纸币、瓷器、香料这些对于当时的欧洲十分新奇的商品也带了回去。不久之后，这条源自亚洲南海岸新的商路有了自己的名字。

# 伊本·白图泰

从撒哈拉到中国，从俄罗斯到印度，凭借着船只、骆驼甚至是双脚，伊本·白图泰不知疲倦地走遍了14世纪的世界版图。他一生走过了约12万千米的路程，结识了约1500人，并将这些全部详细记录在《伊本·白图泰游记》（《Rihla》）之中。在旅行途中，如果遇到热情好客的苏丹，就可以在华丽的宫殿中食宿；否则，就只能住在简陋的旅店里。●

## 主要目的地

伊本·白图泰走遍了亚洲、部分非洲地区以及伊比利亚半岛的部分地区。从1346年至1349年，他从北非出发到达中国。他的一生到过许多国家：东南欧、中东、中亚、东南亚、俄罗斯、印度、库尔德斯坦、马达加斯加、桑给巴尔、锡兰、阿拉贡王国、格拉纳达王国和马里王国。

## ❶ 麦加

最初是为了去麦加（位于沙特阿拉伯）朝圣。第一次旅行后，他又数次回到这座圣城。

## ❷ 印度

在游历了波斯、阿拉伯半岛和非洲东海岸之后，他转向了印度，为德里苏丹效力。

## ❸ 马尔代夫

他受德里苏丹之命出使中国，途中流落到马尔代夫群岛，并在此留居了一年。

在长达 24 年的旅行中，伊本·白图泰走过了

# 12 万千米

的路程。

## 生平

伊本·白图泰1304年生于摩洛哥丹吉尔。为了完成穆斯林的五大功修，也为了去埃及充实法律学业，21岁的伊本·白图泰离开故乡前往麦加朝圣。据说，他一出生就肩负着重要的使命。他于1367年去世。

**Rihla**

阿拉伯语，意为"旅行"。伊本·白图泰为自己的游记取名"Rihla"，并在里面记录了他的所有旅行经历。

### 4

## 中国

他到过中国的杭州。之后，他决定踏上回乡之旅，并在回程中到访了大马士革和撒丁岛。

### 5

## 安达卢西亚

在故乡居住多年后，他又来到了安达卢西亚（今西班牙的东南部），拜访了瓦伦西亚和格拉纳达的许多城市。

### 6

## 马里王国

在最后一次伟大旅行中，他穿过撒哈拉沙漠，来到了马里王国，见到了尼日尔河。8个月以后，他到达了神秘的通布图。

# 郑和

为彰显大明王朝的文功武治，明朝皇帝特派郑和出使西洋。此举带有商业性质，但不具有任何殖民色彩，而且目标非常明确：改善与邻国的关系。远征队由巨型船只和众多随员组成。郑和领导的这支船队最远曾到达非洲东海岸。●

## 宝船

郑和船队中最威风的巨船，据推测长约100米，宽约50米。

起重装置
装卸货物之用。

帆
9根桅杆上挂着巨大的船帆。桅杆则由多根竹竿加固而成。

## 生平

郑和，海军将领，1371年生于云南省知代村，原为穆斯林，为明朝执掌大型舰队长达28年，1433年死于最后一次远征归途中。

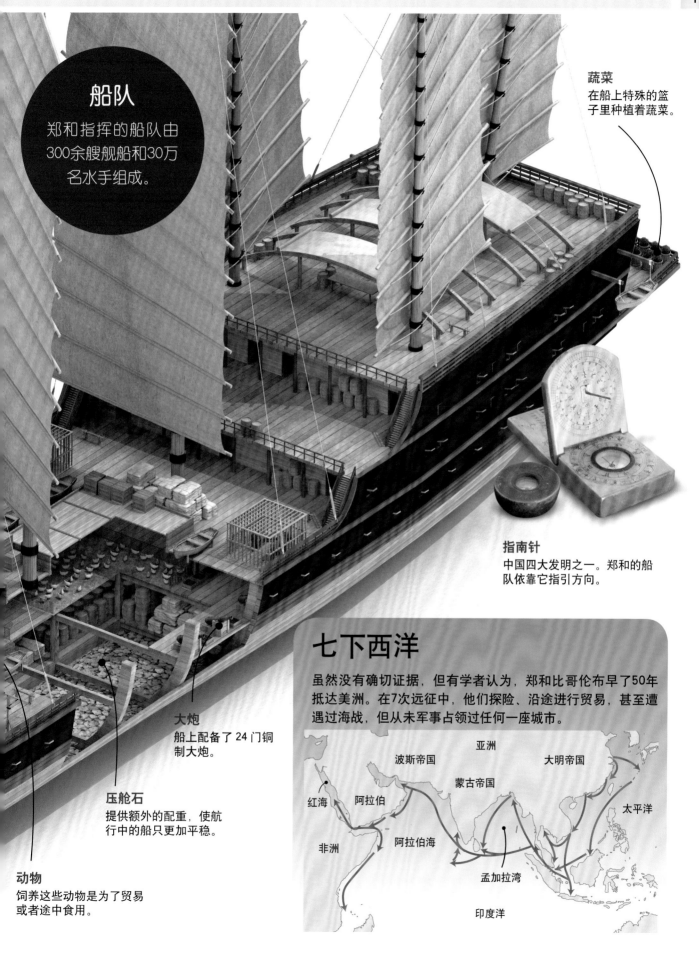

## 船队

郑和指挥的船队由300余艘舰船和30万名水手组成。

**蔬菜**
在船上特殊的篮子里种植着蔬菜。

**指南针**
中国四大发明之一。郑和的船队依靠它指引方向。

**大炮**
船上配备了24门铜制大炮。

**压舱石**
提供额外的配重,使航行中的船只更加平稳。

**动物**
饲养这些动物是为了贸易或者途中食用。

## 七下西洋

虽然没有确切证据,但有学者认为,郑和比哥伦布早了50年抵达美洲。在7次远征中,他们探险、沿途进行贸易,甚至遭遇过海战,但从未军事占领过任何一座城市。

亚洲

波斯帝国 | 大明帝国

蒙古帝国

红海 | 阿拉伯

太平洋

非洲 | 阿拉伯海

孟加拉湾

印度洋

# 克里斯托弗·哥伦布

一次错误的计算再加上对新世界的无知，让克里斯托弗·哥伦布发现了新大陆。直至1507年，他都将这片土地称为"印度"。由于这支西班牙王室的远征队没有到达亚洲西部，尽管它发现了新陆地，在当时还是被认为是一次失败的探险。这一切都发生在1492年。在商业利益和宗教需要的双重推动下，葡萄牙和西班牙开启了扩张之旅。●

**船队**
远征船队由"平塔号"、"尼雅号"和"圣玛利亚号"组成。克里斯托弗·哥伦布的旗舰是"圣玛利亚号"。

**船只**
高机动性的帆船推动了葡萄牙和西班牙的海上扩张。

**反叛**
哥伦布不得不时常面对船员的暴动。

## 发现美洲新大陆

成行前，哥伦布对航线进行了研究，并肯定了向西航行抵达东方的可能性。可惜他错误地计算了地球周长，也过于乐观地坚信想象中的世界。1492年10月12日发现的陆地被哥伦布认为是亚洲的最东端。其实那是欧洲尚未知晓的新大陆。

顺风时，船只每天可以航行

**160千米**。

## 新航路

为了开辟新商路，15世纪的西班牙和葡萄牙远征队率先驶向了未知大陆。为了满足皇室、商人和冒险家对财富的渴望，为了满足天主教会对于宗教传播的期盼，欧洲殖民了大片的土地。

### 你知道吗？

在哥伦布的四次航行中，先后宣布占有了海地、古巴、波多黎各以及其他加勒比岛屿。

### 宗教

信奉天主教的国王们命令哥伦布在其所到之处为教会传教。

### 船员

约有 87 名船员参加了哥伦布的第一次航行。

## 生平

哥伦布可能于1450年前后生于意大利。年轻时在船上作见习水手，随后曾加入多条船队。在葡萄牙定居后结婚并组建家庭。为了寻求对探险的支持，他来到西班牙。1506年去世。

# 瓦斯科·达·迦马

葡萄牙航海家。15世纪末，这位欧洲人开辟了从非洲海岸到印度次大陆的海上航线。葡萄牙之所以能在一个多世纪的时间里确立香料贸易的统治地位、成为海上和殖民地的霸主，与当初达·迦马的冒险密不可分。

## 新航路

丝绸、珍贵的布料、香水、象牙，特别是丁香、肉桂、辣椒、姜黄等香料从阿拉伯地区运到了欧洲。商品被出售给威尼斯人和热那亚人以后，由他们再投放到欧洲市场。经过层层转卖，这些商品的价格已非常昂贵。如果能找到一条直接的海上通路，就能使价格大为降低。

### 外交关系

由于呈上的礼物过于寒酸，瓦斯科·达·迦马与印度卡利卡特的统治者关于给予葡萄牙贸易便利条件的会谈并不顺利。

## 你知道吗?

多亏"航海者"恩里克王子（1394—1460）的资助，才使葡萄牙的航海技术实现了史无前例的飞跃。

### 返程

虽然没有达成贸易协议，但是船队满载香料返回了里斯本。

## 头衔

葡萄牙国王授予
其"印度洋司令"
的头衔。

## 葡萄牙的扩张

葡萄牙人控制了16世纪的海上贸易，也在亚洲传播了天主教。里斯本作为葡萄牙的首都，变成了一个巨大殖民地网络的中心，把中国、日本乃至巴西连接在了一起。

## 生平

瓦斯科·达·迦马约1469年出生于一个葡萄牙贵族家庭。在掌握了天文学知识以后，他赴埃武拉学习数学和航海术。1524被任命为"葡属印度总督"，到任不久后去世。

葡萄牙在达到航海巅峰时大致拥有

# 2 000 000人口。

## 远征

### ❶ 艰苦的旅程

在前往印度的路上损失了相当多的船员。许多人在旅途中生病或者死亡。

### ❷ 抵达

挂毯上展示的就是1498年5月20日瓦斯科·达·迦马抵达印度卡利卡特时的情景。

### ❸ 回程

船队中最轻快的"贝利欧号"最先返回里斯本。达·迦马则于1499年的9月抵达。

## 航海术的进步

制图技术的进步以及指南针、十字测天仪、象限仪等航海仪器的使用，成就了15世纪的若干重大发现。

# 麦哲伦和埃尔卡诺

这支远征队证实了"地圆说"。船队先是由斐迪南·麦哲伦指挥，他死后由塞巴斯蒂安·埃尔卡诺接任。1519年8月，5艘帆船从西班牙塞维利亚港口起航。这是人类历史上第一次环球旅行：绕地球一圈后再次回到起点。远征耗时3年，包括麦哲伦本人在内的200多人牺牲。

## 环球之旅

麦哲伦和埃尔卡诺的环球之旅证明了地球是圆的。

## 麦哲伦

约1480年生于葡萄牙，在学习了制图术和航海术后，曾多次出海。后来，他移居西班牙，婚后育有一子。塞维利亚商务局委派他去寻找一条从南美洲到印度的航路。最终，他死于一场与菲律宾土著的冲突。

## ❷ 海峡

1520年10月至11月间，麦哲伦通过了连接大西洋和太平洋的海峡。而后因海水安稳而平静，麦哲伦将这片海域命名为"太平洋"。

## 1

### 出发

1519年8月10日，远征队从塞维利亚港口起航。12月驶抵南美洲，然后，沿着海岸向南行驶，经历了南半球的严冬。

## 埃尔卡诺

1476年生于西班牙。早在加入麦哲伦的远征队之前，他就已通过多次航行掌握了丰富的航海知识和经验。虽然他在环球航行中幸免于难，但在1526年的另一次航行中不幸身亡。

## 3

### 到达

历尽千辛万苦，最后只有三艘船抵达摩鹿加群岛和菲律宾群岛。麦哲伦死于一场与菲律宾土著的冲突。

## 4

### 返回

埃尔卡诺指挥唯一的一艘船完成了整个航行。他们穿过印度洋、绕过非洲。于1522年9月满载着香料回到了桑卢卡尔–德巴拉梅达。

265 人的远征队最后只有

## 18 人 生还。

## 伟大的冒险

1519年，五艘帆船从西班牙启程，开始了历史上首次环球之旅。在经历了千难万险之后，"维多利亚号"是唯一平安返回的船只。在海上航行了3年多时间之后，"维多利业号"在塞巴斯蒂安·埃尔卡诺的指挥下，于1522年9月6日驶入了桑卢卡尔-德巴拉梅达港。

# 弗朗西斯·德雷克

这位英国人在某些人眼中是国家英雄，在某些人眼中则是海盗。他是继麦哲伦和埃尔卡诺之后第二位完成环球航行的航海家。为掠夺西班牙海外殖民地的财富，他曾多次领导攻击西班牙的殖民地和船只。无论是他的生平还是他的环球壮举，都为当时以及后世的无数文学作品提供了灵感。

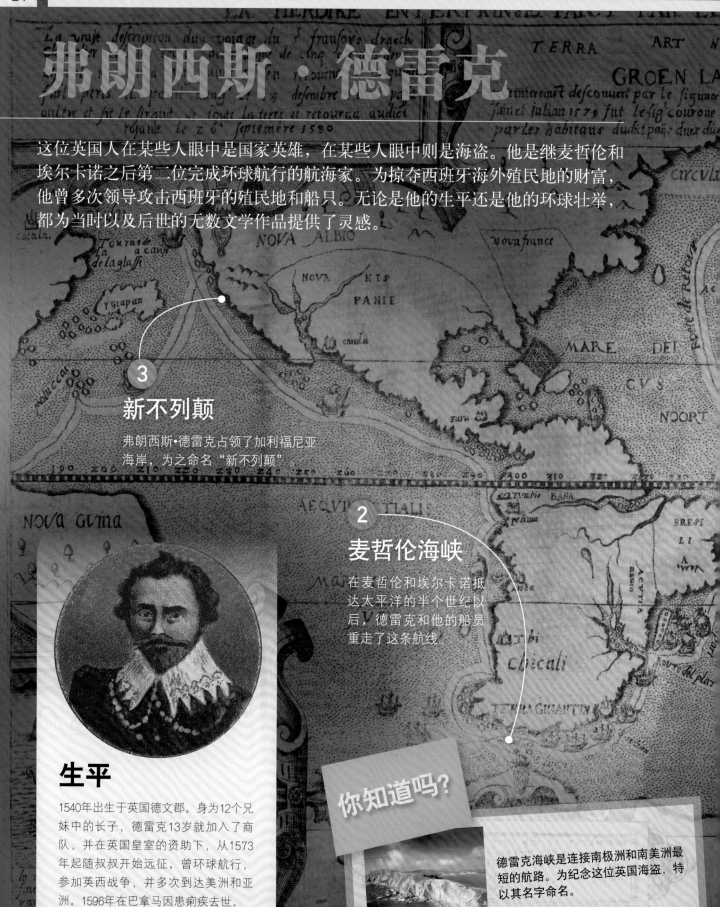

## 3 新不列颠

弗朗西斯·德雷克占领了加利福尼亚海岸，为之命名"新不列颠"。

## 2 麦哲伦海峡

在麦哲伦和埃尔卡诺抵达太平洋的半个世纪以后，德雷克和他的船员重走了这条航线。

## 生平

1540年出生于英国德文郡。身为12个兄妹中的长子，德雷克13岁就加入了商队，并在英国皇室的资助下，从1573年起随叔叔开始远征。曾环球航行，参加英西战争，并多次到达美洲和亚洲。1596年在巴拿马因患痢疾去世。

## 你知道吗？

德雷克海峡是连接南极洲和南美洲最短的航路。为纪念这位英国海盗，特以其名字命名。

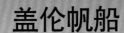

德雷克用了 **3年** 时间完成环球航行。在航行中，他也不忘劫掠。

## ① 远征队

德雷克率领5艘船和166名水手驶离了英国普利茅斯港，但只有1艘船和59人幸运返回。

## 盖伦帆船

盖伦帆船是一种大吨位的船只，被船队用于跨洋远航。德雷克的旗舰原名为"鹈鹕号"（Pelican），在返程时更名为"金鹿号"（Golden Hind）。

## 弗朗西斯爵士

为了表彰弗朗西斯·德雷克对皇室的贡献，英国女王伊丽莎白一世授予其爵士称号。

## 目标

当时的西班牙是大英帝国的主要竞争对手，因此，德雷克专门劫掠西班牙船只和领地。

## 海盗

海盗为了在海上进行抢劫，不惜袭击城市、港口和船只。虽然海盗活动不属于官方行为，但被视为打击敌对国家的一种手段，其背后往往有来自国王或政府的默许。16世纪至18世纪是海盗活动的巅峰期。

# 詹姆斯·库克

这位探险家和制图师在多个领域为人类作出了杰出贡献：发现了新的岛屿，与原住民进行接触，开展以天文学观测为目的的航行，对太平洋进行研究，绘制高精度地图，战胜了坏血病。坏血病对于长期出海的水手来说常常是致命的。●

## 非凡之旅

1768—1779年，库克完成了三次航行。之后，大洋洲的一切疑团似乎都解开了：南极大陆被冰层覆盖的猜测被证实；澳大利亚、新西兰以及无数太平洋岛屿的确切位置被测定；当地人类学与植物学特征被认定。库克的航海日志真实地纪录了大洋洲原住民当时的生活情景。

**船只**

在 1772 年至 1775 年的第二次航行中，库克乘坐的是英国皇家海军的"决心号"（HMS Resolution）。

## 生平

1728年10月27日生于约克郡马顿，读书至13岁后成为一家航海公司的学徒，27岁升为船长，婚后育有6个子女。加入英国皇家海军的库克得以顺势开展远洋探险活动。尽管对待当地居民非常友善，他还是于1779年命丧夏威夷土著之手。库克对所到之处均绘制了高精度地图。他的探险活动以及绘制的地图为揭秘太平洋作出了贡献。

## 人物画像

在新西兰逗留期间，库克与岛上的毛利人建立了非常好的关系。画中的这位年轻的新西兰原住民，是由自然学家、植物学家兼插画师的西德尼·帕金森创作的。帕金森是库克第一次探险队的成员。

## 维生素C

食用新鲜蔬菜和水果可以抵御坏血病。

## 经线仪

库克幸运地在探险中使用了经线仪。英国的机械师设计出了世界上第一部经线仪。库克借助这部仪器，根据航行起点和终点的时间差距，测量航程的长度，再将测量结果换算成经度。

**1779** 年 库克抵达夏威夷，成为第一个到达该群岛的欧洲人。

## 你知道吗？

詹姆斯·库克绘制的南半球地图没有南极洲。他的数次探险都与之擦肩而过。

# 蒙哥·帕克

18世纪，英国非洲协会推动了对神秘大陆——非洲的探险。尼日尔河是非洲的一大谜团，没有人知道它的起点和终点在哪里。蒙哥·帕克被指派解开关于这条西非大河的全部疑问。

## 1

### 首次旅行

蒙哥·帕克能在首次探险中存活下来，完全是因为单枪匹马的行动模式。他不仅在尼日尔河马里段航行了上百千米，还发现了河流从此地自西向东出现转向。第一次旅行因为疾病和缺乏补给而中止。

**洪水**

尼日尔河的水量随着地区和季节的变化而变化。在雨季，马里的某些区域会经历大洪水。

## 生平

1771年生于苏格兰，曾在爱丁堡学习医学和植物学，1794年成为入非研究尼日尔河的一名志愿者。首次旅行归来后，他把冒险经历编纂成书，并大受欢迎。1806年，他在第二次探险中溺水身亡。

## 结局

蒙哥·帕克去世25年后，人们终于发现尼日尔河的出海口在几内亚湾。

帕克的第二次探险在尼日尔河上推进了

# 1 600 千米。

**生命的源泉**
在漫长的历史长河中，无数的非洲城镇和王朝建立在尼日尔河河畔。

## 2

## 第二次旅行

在帕克的带领下，由35人组成的远征队从马里的巴马科经水路抵达尼日利亚的布萨。在那里，他们遭遇了伏击，包括帕克在内的部分幸存者逃出，但随后不幸全部溺水身亡。

你知道吗？

尼日尔河对于欧洲人来说具有重要的战略意义。它是一条重要的商品运输通道。

## 尼日尔河

虽然位于几内亚的发源地距大西洋仅有280千米，尼日尔河的河道走向在世界范围内都算得上诡异：河水先是朝着东北方向探入大陆深处，再向东南方斜插向下注入位于几内亚湾宽阔的三角洲入海口。

# 亚历山大·冯·洪堡

哲学家、自然学家和现代地理学的奠基人。他的著作历时20余年才编纂完成，其中记录了1799年至1804年间冯·洪堡和法国人爱梅·庞普兰德在美洲的西属殖民地完成的传奇之旅。●

## 生平

洪堡1769年生于德国，曾接受极好的教育，对植物学、地质学和矿物学均抱有浓厚兴趣。1799年赴西班牙殖民地开始了自己伟大的旅行。归来后，他定居于法国，从事对此行观察结果的分类和发表工作，之后返回德国，成为国王顾问。1859年去世。

## 记录

洪堡在旅途中收集了60 000余株植物样本，其中半数不为欧洲人所知。他如实地画下了动植物样本，数据则公布在他的著作《新大陆热带区域旅行记》之中。

### 你知道吗？

洪堡从旅途中带回了一种生活在热带雨林里的鸟类——巨嘴鸟。

洪堡和庞普兰德为标本馆带回了 **60 000 株** 植物标本，几乎全部存放在巴黎植物园。

# 贡献

除了发明了植物学和动物学卡片，他对历史学、地理学、植物学、制图学、火山学和社会学均有所涉猎。此外，他还对以下领域进行了研究：

**1 海洋**

对南美洲西海岸的洋流进行了研究，此洋流至今仍以其名字命名。

**2 气候**

发明了用等压线和等温线表示温度的新系统。

**3 不同条件下的研究**

根据不同的气象条件和生态条件，对特定地区进行比较性研究。

**4 火山**

指出了火山活动与地壳演化之间的关系。

## 旅程

洪堡曾到访过委内瑞拉、古巴、哥伦比亚、厄瓜多尔、秘鲁、墨西哥和美国。

**自然学家**

洪堡和庞普兰德组建的科考队是历史上最著名的科考队之一。

亚历山大·冯·洪堡和爱梅·庞普兰德在钦博腊索火山山脚下。
费雷德里克·乔治·魏茨克绘于1810年

# 查尔斯·达尔文

乘"小猎犬号"航行了5年之后，这位英国自然学家建立了伟大的物种进化理论，在19世纪下半叶颠覆了人们对于科学的认知。达尔文每到一处就收集动植物标本，以便更好地对自然界做出观察，并最终于1859年完成了《物种起源》一书。书中阐明了"物竞天择"是生物适应性进化的核心机制。

亚速尔群岛

大西洋

佛得角

圣海伦娜

里约热内卢

麦哲伦海峡

好望

太平洋

加拉帕戈斯群岛

**4 加拉帕戈斯**

1835年10月15日，他登上了加拉帕戈斯群岛，对象龟和雀类的喙进行了观察。

**5**

**塔希提**

在驶向新西兰之前，他曾在塔希提滞留。

**2 巴希亚**

在经过佛得角后，1832年2月底，船只来到了圣萨尔瓦多的巴希亚。那里的热带雨林让人感觉十分困惑。

**7**

**开普敦**

1836年6月8日，达尔文抵达非洲，并结识了数学家约翰·赫歇尔。二人就火山、地震以及大陆板块漂移等问题进行了交流。

**巴塔哥尼亚**

**3** "小猎犬号"抵达圣朱利安港后，达尔文又驶向了圣克鲁河。在那里，他收集了甲壳类动物标本、化石样本，并对秃鹰进行了研究。

## 你知道吗？

达尔文发现，为了适应加拉帕戈斯群岛的自然环境，很多龟类都发生了变化。

## "小猎犬号"
## ("贝格尔号")

因载着查尔斯·达尔文于1831年至1836年环游世界而闻名。航行的目标包括：为绘制新地图采集信息、气象研究、收集标本等。

### 1
## 普利茅斯

1831年12月，达尔文登上了"小猎犬号"。船长是对部下要求严格的费茨·罗伊。

## 进化论

进化论中最具争议、最受诋毁的观点就是认为人类与类人猿拥有共同的祖先。

### 6
## 澳大利亚

达尔文于1836年1月抵达澳大利亚，他对当地动物（有袋类动物和鸭嘴兽）的独特性感到震惊。

印度洋

毛里求斯

悉尼

新西兰

## 生平

达尔文1809年2月12日生于英国什鲁斯伯里。16岁进入爱丁堡大学学习药物学，但很快放弃。22岁登上"小猎犬号"，回国后完成《物种起源》这一伟大著作。与表妹艾玛·韦奇伍德结婚，婚后育有10个子女。1882年去世。

## 加拉帕戈斯

加拉帕戈斯群岛上的龟类对达尔文创新性理论的诞生起到了至关重要的作用。

# 大卫·利文斯顿

他被认为是大英帝国的英雄。为了深入非洲大陆，也为了在非洲传教，大卫·利文斯顿在非洲南部的探险持续了30余年。他发现了赞比西河和维多利亚大瀑布。对非洲的热爱让他永远留在了这里。利文斯顿和其他探险家、传教士一起，为欧洲对非洲的殖民统治开启了大门。19世纪，欧洲国家占领并瓜分了非洲大部分地区。

## 伟大的探险家

这位医生、传教士、探险家的一生就是一场真实伟大的冒险。他人生的大部分时间都是在蛮荒的非洲大陆上度过的。他也是为非洲自由抗争的第一人。1865年，英国皇家地理协会指派他寻找尼罗河的发源地，但几年后音信全无。《纽约先驱报》任命亨利·斯坦利率领远征队前去寻找。

## 维多利亚大瀑布

在发现赞比西河之后，利文斯顿继续向印度洋进发。1855年11月，他发现了壮观的大瀑布，并用维多利亚女王的名字命名。因为落差大、水流急，利文斯顿最终放弃了探索赞比西河是否适于航行的念头。

## 你知道吗？

死后，他的遗体被运回伦敦，但心脏被埋在了非洲的一棵树下。

## 遇袭

他在36岁那年从狮口中逃生，但肩部受伤。伤口留下的后遗症困扰其一生。

## 遗产

1863年，他完成了《赞比西河及其流域》一书，并在书中控诉了奴隶贸易，对阿拉伯和葡萄牙奴隶公司对原住民的奴役做出了批评。

### 大卫·利文斯顿

尽管斯坦利奉命带回利文斯顿，但是这位医生不愿离开非洲。他至死也没有离开。

### 亨利·斯坦利

利文斯顿失踪三年后，1871年10月23日，探险家斯坦利在靠近坦干依喀湖的乌吉吉找到了他。"我猜您就是利文斯顿医生吧？"斯坦利的开场白成为一段轶事。

## 生平

利文斯顿1813年生于苏格兰，攻读药物学，后加入伦敦传教协会。为了深入非洲大陆发现未知土地，也为了传播上帝的福音，利文斯顿来到了非洲南部。1873年，他因疟疾和痢疾导致的内出血在非洲去世。

利文斯顿在非洲大陆上生活了 **32** 年。

# 理查德·F·伯顿爵士

这位特殊人物在那个年代饱受争议，甚至可以说不受欢迎。他是一位探险家、旅行者、作家、神秘主义者、军人、秘密特工和狂热的击剑爱好者；他掌握多国语言，擅长伪装成当地人，混入欧洲人难以进入的地区，为增进对印度和伊斯兰的了解做出了杰出贡献。

## 外表

伯顿强壮而高挑，皮肤呈棕色。因此，很多朋友亲昵地称他为吉普赛人。凭借这样的外表，再加上他能够准确、不带口音地使用阿拉伯语和波斯语等外语，伯顿能够轻而易举地与不同地区的人们融为一体。

## 生平

伯顿1821年生于英国，因不守纪律被大学开除。他不仅是伟大的探险家，还是一位人类学家、作家和翻译家。他曾翻译过多部古典作品。亚洲、非洲和美洲均留有他的足迹，他曾在多国担任过英国领事。1890年在意大利里雅斯特去世。

# 旅程

寻找尼罗河的发源地是伯顿的伟大目标之一。但是，由于健康和安全方面的原因，他的多次探险均以失败告终。最终，他的同伴约翰•翰宁•斯皮克在没有伯顿的情况下取得了成功。后来，伯顿又远赴印度、非洲和中东。以下是其最著名的几次探险：

**❶ 坦干依喀湖**

在寻找尼罗河源头的过程中，斯皮克和伯顿发现了坦干依喀湖。他们是首批到达此地的欧洲人。

**❷ 麦加**

他是第一个进入麦加，目睹伊斯兰瑰宝——"黑石"的现代西方人。他完成了从麦加到麦地那的朝圣之旅。

**❸ 哈勒尔**

他成功进入了位于埃塞俄比亚东部的伊斯兰圣城哈勒尔，在此之前，探索此处的西方探访者无一生还。

## 你知道吗?

英国女王维多利亚执政时期的社会相当保守。伯顿作为一个饱受争议的人物，许多人不屑与他同处一室。

据说，理查德•伯顿掌握 **29 门** 语言。

## 语言天赋

伯顿从小就展现出优秀的语言天赋，掌握20多门外语和多种地方方言。

# 翻译家

伯顿首次将阿拉伯传统民间故事集《一千零一夜》翻译成英文。还出版了多本游记、神话故事和异域风情内容的书籍。

# 罗尔德·阿蒙森

阿蒙森1911年12月14日抵达南极点，比罗伯特·斯科特船长一行早了34天。但斯科特的探险队最终没能返回大本营，在抵达南极点后不久便不幸全部遇难。为了这次探险，阿蒙森精心甄选队员：一名犬类专家、一名海关人员、一名滑雪冠军和一名捕鲸手。在路线选择上，阿蒙森决定穿过一座从未在地图上标记过的冰川，这无疑是最短、也是最危险的线路。●

## 成功的关键

虽然，斯科特和阿蒙森同时向南极点进发，但远征筹备工作的不同让挪威人率先抵达南极点。成功的关键包括：

**1　组织有序**

充沛的体能准备和细致的远征计划。

**2　狗**

斯科特错误地在远征队中使用了不耐寒的小马，而阿蒙森则用格棱兰犬牵引雪橇。

**3　滑雪者**

在阿蒙森的探险队中有专业的滑雪运动员。

## 生平

阿蒙森1872年生于挪威的一个水手世家，后放弃医药学，投身探险事业。他是人类抵达南极点的第一人，也是从空中抵达北极点的第一人。1928年死于一场水上飞机事故。

## 另一极的挑战

阿蒙森本想征服北极，可惜被罗伯特•皮里捷足先登。为了成功的荣耀，他将目光转向了南极，欲与英国的斯科特争夺南极登顶的光环。这一次，他成功了。

**你知道吗？**

除了一面挪威国旗，阿蒙森还为斯科特留下了一顶帐篷、一个字条和其他物品。他用优雅的方式宣告了胜利。

**赫尔梅 · 汉森**
1911 年阿蒙森探险队的成员之一，负责用水银盘进行测量。

## 精确性

在南极点，阿蒙森用六分仪确认自己所在的准确位置。

# 海勒姆·宾厄姆

1911年7月24日，美国探险家海勒姆·宾厄姆在一名当地年轻向导的带领下，沿小路上山。山顶的几处废墟引起了科学家的兴趣，那就是隐藏在秘鲁安第斯山脉南部密林中的马丘比丘城墙，一座由印加人在500多年前建立的伟大城市。●

## 马丘比丘

这座印加人的古老城市位于海拔约2 300米处，是建筑学与工程学的结晶。马丘比丘一经发现，发掘和研究工作就开始了。1912年，由耶鲁大学和国家地理学会资助的探险队进行了为期7个月的考古挖掘。工作内容包括：绘制地图、识别古道、出土大量文物和珍贵的木乃伊。

### 帕查库提

马丘比丘于印加帝国建立者帕查库提在位期间（1438—1471）修建。

### 你知道吗？

宾厄姆把许多马丘比丘的珍贵文物带回了美国。时至今日，秘鲁政府仍在追索这些文物。

## 印加人

印加人建立了美洲最大的帝国之一——塔华廷苏育。其疆域位于安第斯山区，从现今的厄瓜多尔一直延绵到智利北部。他们的宗教信仰建立在对太阳的崇拜基础之上。他们普遍使用一种被称为"quechua"的语言。西班牙殖民者的到来标志着帝国的衰落。

15世纪中叶，马丘比丘是帝国的祭祀中心和皇室行宫。

曾有 **300** 人 生活在这里。

## 生平

宾厄姆1875年生于夏威夷，1906年首次到达南美洲。他立志要寻找被人遗忘的印加古城——比尔卡班巴（Vilcabamba），却意外发现了马丘比丘。除了探险，宾厄姆在军事和政治领域也有一定建树。1956年于华盛顿去世。

马丘比丘是印加人的政治和宗教核心，只有帝国的最高阶层才能在此生活。

住宅、店铺、庙宇、宫殿和喷泉神奇而有机地构成了马丘比丘这座城市。

# 尤里·加加林

1961年4月12日，年仅27岁的苏联宇航员尤里·加加林成为进入太空的第一人，名垂青史。随后，加加林被提名为苏联英雄并获奖无数。正是在这次任务中，加加林说出了那句著名的话语："地球是蓝色的。"在随后的日子里，他投身于太空飞行的准备工作。●

## "东方1号"

"东方1号"是苏联"东方计划"中第一艘宇宙飞船的名字。该计划于1961—1963年将6名宇航员送上地球轨道。加加林所乘坐的飞船实际上是一个非常狭小的自动化密封舱，1961年4月12日于拜科努尔航天发射基地发射升空。返回时，加加林带着一个降落伞从密封舱中弹出。

尤里·加加林的太空之旅持续了

# 1 小时 48 分钟。

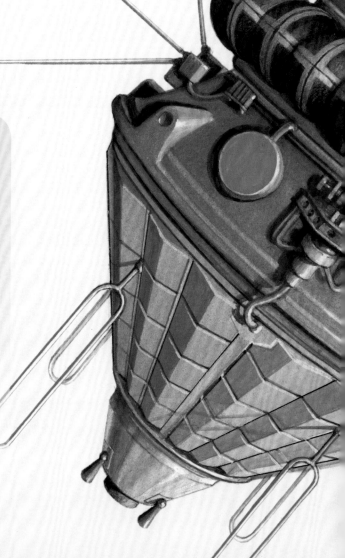

## 生平

加加林1934年出生在苏联西北部小城克卢希诺。在纳粹占领期间，他和他的家人隐藏了整整1年零9个月。他从军事学院毕业后获得中尉军衔。1968年3月27日，他以近乎悲剧的方式英年早逝。在教官弗拉迪米尔·赛廖金的指导下进行米格-15战机训练时不幸罹难。

## 对手

加加林进入太空两个星期后，美国也将自己的首位宇航员送上了太空。

### 自动化

飞船配备能自动控制温度、压力的设备，加加林无需操纵控制板。

## 太空之旅

"东方1号"飞船完成了绕地球飞行。返程途中，加加林又成为发现地球是蓝色的第一人。

### 推进式座椅

在飞船着陆前，座椅可以将宇航员从舱内弹出。

### 球罐

装载氧和氮，用于维持宇航员的生命，并为飞船提供动力。

### 你知道吗？

1957年11月3日，小狗莱卡乘坐着苏联的"史波尼克二号"飞船进入太空，成为第一个进入地球轨道的生物。

# 阿姆斯特朗、阿尔德林和科林斯

三人因执行美国"阿波罗11号"计划而被载入史册。该计划首次实现了将人类送达月球、登月并安全返回地球的壮举。虽然自1972年起再无人踏足地球以外的星球，但各太空机构仍致力于探索更加遥远的宇宙空间。●●

**旗帜**
像当年地球上的殖民者一样，美国宇航员在月球表面插上了自己国家的国旗。

## 月球

地球唯一的天然卫星，距地球平均距离约384 400千米，表面覆盖着灰色的灰尘，陨石坑随处可见。在"阿波罗11号"计划实施以前，人们只能借助自动探针来探测月球。

三名宇航员当时的平均年龄为
# 38 岁。

## 主角

"阿波罗11号"的机组人员由三名经验丰富的宇航员组成。尼尔•阿姆斯特朗作为此次任务的队长，第一个踏上了月球表面。巴兹•阿尔德林随阿姆斯特朗一起登月。迈克尔•科林斯作为第三名成员，在"哥伦比亚号"指令舱内留守，等待同伴归来。

## 太空舱

本次太空任务的指令舱取名为"哥伦比亚"，登月舱取名为"鹰"。

## 重返地球

载人舱必须首先与下降平台分离并抵达月球轨道，在与"哥伦比亚号"指令舱对接后才能将宇航员带回地球。

载人舱起飞

载人舱

"鹰号"登月舱

下降平台

月球表面

### 领先一步
成功登月使美国在与苏联进行的太空竞赛中占据了领先位置。

### 研究
"阿波罗 11 号"计划的目标包括：研究月球表面和收集标本。

## 你知道吗？

在踏上月球表面的时候，阿姆斯特朗说出了那句名言："这是个人的一小步，却是全人类的一大步。"

# 雅克·库斯托

库斯托用当时最先进的技术打造了"卡里普索号"（Calypso），使之成为海洋学探险的标志。"卡里普索号"配备了移动实验室、直升机停机坪、潜水推进器、小型潜水艇以及数台水下摄影机。●

## 历史悠久

40多年来，"卡里普索号"在法国探险家雅克·库斯托（1910—1997）的指挥下游历了各大洋，无论是酷热的热带海域还是极寒的南极冰盖，都曾留下它的印记。1993年，"卡里普索号"在新加坡港被一艘驳船撞沉。

**瞭望塔**
兼具瞭望和安置雷达天线之用。

**操舵室**
"卡里普索号"配备了先进的超声设备EDO和雷达发射器。

## 生平

这位海军军官1910年6月11日生于法国，不仅是一位探险家和研究员，还是一位名副其实的水下运动推广者。自1957年起担任摩纳哥海洋博物馆馆长。他拍摄了多达115部纪录片，以唤起人们对海洋保护重要性的共鸣。享年87岁。

**"假鼻子"**
船头水下3米处嵌有钢质的水下观测相机外壳，名曰"假鼻子"。

"卡里普索号"陪伴雅克·库斯托从事

海洋科考长达**47年**。

## 环境保护

他是海洋环境保护的首批斗士，也是揭露海洋污染问题的第一人。

### 直升机

为了拍摄需要以及向陆上运送船员，船上配备了"休斯300"型轻型直升机。

### 直升机停机坪

船尾安装了可供直升机起降的金属平台。

**发动机**

两台8缸柴油发动机，可使航速达到10节（速度单位。1节=1海里／小时=1.852千米／小时）。

**舱室**

船员舱在甲板下方。库斯托的舱位在操舵室后方。

## 你知道吗?

库斯托还是水下摄像师和摄影师。他拍摄的纪录片曾出现在全世界的电视荧屏上。

## 下潜

1963年，他设计建造了可容纳2人、下潜深度为350米的SP-350"丹尼斯号"潜艇。随后推出的改进型更可潜至500米。

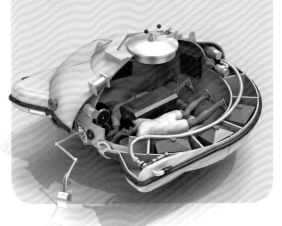

图书在版编目（CIP）数据

伟大探险 / 西班牙Sol90出版公司编著；张钊译
. —北京：中国农业出版社，2019.12
（全景图解百科全书：思维导图启蒙典藏中文版）
ISBN 978-7-109-24984-4

Ⅰ.①伟… Ⅱ.①西… ②张… Ⅲ.①探险—少儿读
物 Ⅳ.①N8-49

中国版本图书馆CIP数据核字（2018）第275103号

MY FIRST ENCYCLOPEDIA – New Edition

Explorers

© 2016 Editorial Sol90
Barcelona – Buenos Aires
Todos los derechos reservados

**IDEA ORIGINAL** Joan Ricart
**COORDINACIÓN EDITORIAL** Nuria Cicero
**EDICIÓN** Diana Malizia, Alberto Hernández, Joan Soriano
**DISEÑO** Clara Miralles, Claudia Andrade
**CORRECCIÓN** Marta Kordon
**PRODUCCIÓN** Montse Martínez
**FUENTES FOTOGRÁFICAS** National Geographic; Getty Images,Getty Images - Corbis; Cordon Press; Latinstock; Thinkstock.

全景图解百科全书
思维导图启蒙典藏中文版

伟大探险

This edition © 2019 granted to China Agriculture Press Co., Ltd. by Editorial Sol90, S.L. Barcelona, Spain
www.sol90.com
All Rights Reserved.

**中国农业出版社出版**
地址：北京市朝阳区麦子店街18号楼
邮编：100125
策划编辑：张 志 刘彦博 杨 春
责任编辑：刘彦博 责任校对：刘彦博 营销编辑：王庆宁 雷云钊
翻译：张 钊
书籍设计：涿州一晨文化传播有限公司 封面设计：观止堂_未氓
印刷：鸿博昊天科技有限公司
版次：2019年12月第1版
印次：2019年12月北京第1次印刷
发行：新华书店北京发行所
开本：889mm×1194mm 1/16
印张：3
字数：100千字
**定价：45.00元**

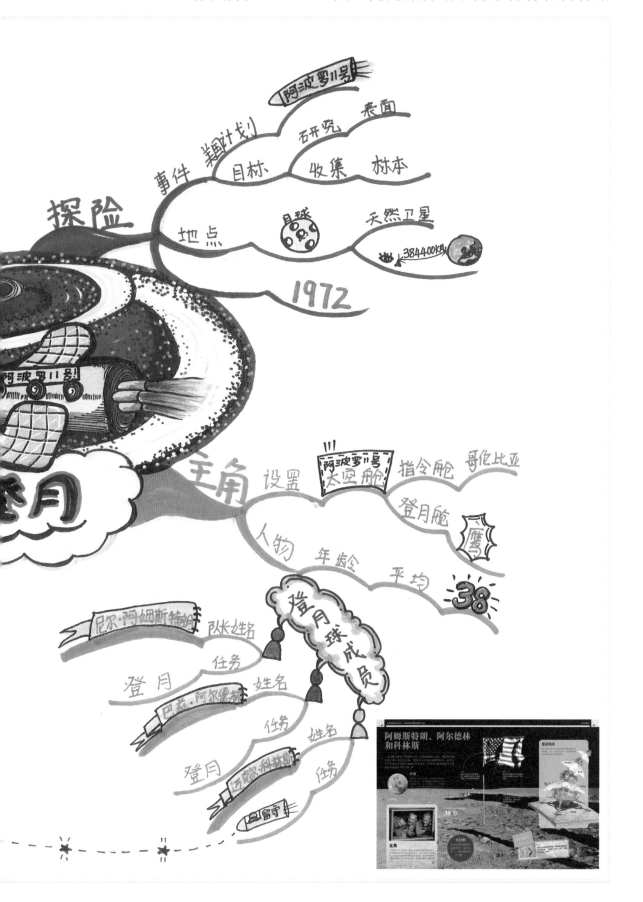

思维导图是世界大脑先生、世界创造力智商最高保持者东尼·博赞先生于20世纪70年代发明创造的，被誉为"大脑的瑞士军刀"。根据博赞先生所述：思维导图是一种放射性思维，体现的是人类大脑的自然功能；它以图解的形式和网状的结构，用于储存、组织、优化和输出信息，利用这些自然结构的灵感来提高思维效率。

## 思维导图的优势

①吸引眼球，令人心动：思维导图是一种带有流动线条与多彩图像的可视化笔记。人的大脑天生就喜欢自然的、有颜色、有图像感的画面，这种形式会让孩子们眼前一亮。

②精准传达，信息明了：思维导图呈现的是一种放射状的结构，线条与线条之间存在着特定的逻辑关系，能够把关键信息点之间的联系清晰地表达出来。

③去芜存菁，简单易懂：绘制过程是对庞大资讯的提炼、理解的过程，通过关键词和关键图像的概括、组织、优化后再"瘦身"输出，让孩子们对资讯内容一目了然。

④视线流动，构建时空：通过这种动态的结构形式可以清晰地看出我们在时间、空间、角度等三个层面的思考轨迹，思想的结果可以随时在图中进行相应的添加与补充。

⑤全貌概括，以图释义：一张思维导图可以概括出整本书的核心要点，即一页掌控的能力。

## 绘制思维导图的通用操作步骤

①绘制中心主题，即中心图。

②绘制各个部分的大纲主干，并添加其相应内容分支。

③写关键词（边画主干分支边写关键词，二者同步进行）。

④添加插图、代码、符号，体现聚焦原则。

⑤涂颜色，一个大类别一种颜色，相邻两大类别运用对比色，能够帮助大脑在短时间内辨别资讯分类。

## 用思维导图学习这套百科

这套给孩子们的百科全书，每册精选一个章节的知识内容绘制了一幅思维导图。这些思维导图出自我的"导图工坊"学员之手，可以帮助孩子们快速记忆知识点，直观理解图书内容。经常临摹这些导图，孩子们的思维过程会逐步演化为思维模式，进而形成思维习惯，还可以运用思维导图进行内容的复述，即口头分享：看着导图中的关键词和关键图的提示，运用完整的句子流畅地表达出来。

愿思维导图能够帮助孩子们高效学习、快乐成长！

第八届世界思维导图锦标赛

全球总冠军 **刘艳**

刘艳思维导图工坊

请小朋友从书中选取最感兴趣的页面，试着根据这个页面的内容创作自己的思维导图，画在下面的空白处吧！